MÉTHODE ET INSTRUCTION PRATIQUE

POUR

L'EXTINCTION PROGRESSIVE

DE LA

GATTINE

ET DES

AUTRES MALADIES CONSTITUTIONNELLES ET HÉRÉDITAIRES

qui peuvent en général frapper

LE VER A SOIE

PAR M. ET Mme BERNARD-DURAND

Traité publié avec l'encouragement et sous les auspices de la Commission des Soies dépendante
de la Société Impériale d'Agriculture, Sciences et Arts utiles de Lyon

---

PARIS

F. SAVY, ÉDITEUR-LIBRAIRE DE LA SOCIÉTÉ GÉOLOGIQUE DE FRANCE

Rue Bonaparte, 20

1860

I

RESTAURATION

DE L'INDUSTRIE SÉRICICOLE

PAR LE CHOIX MÉTHODIQUE, PERPÉTUEL ET UN A UN

DES SUJETS DESTINÉS A LA REPRODUCTION

Valence. — Typographie E. Marc Aurel, rue de l'Université, 9

MÉTHODE ET INSTRUCTION PRATIQUE

POUR

L'EXTINCTION PROGRESSIVE

DE LA

GATTINE

ET DES

AUTRES MALADIES CONSTITUTIONNELLES ET HÉRÉDITAIRES

qui peuvent en général frapper

LE VER A SOIE

PAR M. ET Mme BERNARD-DURAND

Traité publié avec l'encouragement et sous les auspices de la Commission des Soies dépendante
de la Société Impériale d'Agriculture, Sciences et Arts utiles de Lyon

« Au lieu de choisir pour ainsi dire au hasard
les cocons pour graine ne vaudrait-il pas mieux,
dans le courant de l'éducation, prendre les vers
qui auraient toujours fait leurs mues les premiers,
qui auraient par conséquent montré plus de vigueur
et les faire filer (coconner) à part? Il ne serait pas
difficile d'essayer si ce nouveau moyen ne donnerait
pas des produits plus avantageux; peut-être en
obtiendrait-on une race de vers améliorés. »

(LOISELEUR DES LONGCHAMPS, 1845.)

PARIS

F. SAVY, ÉDITEUR-LIBRAIRE DE LA SOCIÉTÉ GÉOLOGIQUE DE FRANCE

Rue Bonaparte, 24

1860

A LA COMMISSION DES SOIES

DE LA

SOCIÉTÉ IMPÉRIALE D'AGRICULTURE, SCIENCES ET ARTS UTILES

DE LYON

ET

A SON HONORABLE PRÉSIDENT

M. Jacques MATHEVON

HOMMAGE DE PROFONDE RECONNAISSANCE

DE LA PART DES AUTEURS

INSTRUCTION PRATIQUE

INTRODUCTION

La rédaction de ce travail n'appartient pas aux auteurs des observations et expériences, qui en constituent le fond et la raison d'être : toutefois, nous devons le dire, avant d'aller plus loin, l'auteur par goût, et, jusqu'à un certain point par état, ne se trouvait pas étranger à cet ensemble de connaissances qui, portant sur la santé et la maladie de tout ce qui vit en général, forme ce qu'on pourrait appeler la médecine générale et comparée (1).

Élevé, d'ailleurs, dans un des foyers de la sériciculture, au milieu de parents et d'amis s'occupant de la question avec un zèle et un entraînement bien dignes de plus longs succès, le même auteur se trouvait suffisamment au cou-

(1) Cette division nouvelle de la science enserrerait un ensemble de connaissances non-seulement peu répandu parmi ceux-là même qu'intéressent directement les graves désordres qui ont dû frapper indistinctement les divers échelons de l'échelle vivante, mais encore (ce qui se comprend moins et est autrement préjudiciable) bien peu cultivé par les esprits même qu'attire la poursuite laborieuse des problèmes relatifs à la restauration de la santé universelle, si largement et si malheureusement compromise dans ces derniers temps.

rant de la question, lorsque des événements de famille vinrent le mettre en confidence des faits expérimentaux sur lesquels il est établi.

Frappé par leur caractère de solidité scientifique et d'utilité pratique, son rédacteur fut attiré, comme par la force invincible d'un engrenage, à les suivre de près et à s'occuper d'une question devenue, par les malheurs de notre temps, on pourrait dire question vitale, non pas seulement d'une simple contrée, mais même du monde civilisé ; cette assertion d'apparence ambitieuse serait facile à justifier.

Les faits dont nous parlons étaient si clairs, si lumineux, si féconds, qu'il n'y eut pas beaucoup de peine à les faire parler et à en tirer les enseignements qu'ils contiennent, sur les points divers de la question.

Le travail qui résulta de cette étude sérieuse et approfondie eut naturellement à se diviser en deux parties distinctes ; l'une purement scientifique s'occupant de la nature de la maladie, de sa gravité, de son histoire ; l'autre purement technologique s'adressant spécialement au praticien, au magnanier, et lui indiquant clairement les moyens rationnels de défense qu'il aurait à mouvoir contre le fléau.

Dans l'intérêt du plus grand nombre des sériciculteurs, ruinés par l'échec de plusieurs années successives, nous nous sommes arrangés de telle sorte que tout ce qu'il y avait dans nos travaux de réellement indispensable à l'éducateur pût être, clairement et pour toutes les intelligences, contenu dans une brochure populaire, dont le prix modique (restant bien au-dessous de l'économie que par la méthode que chacun pourra faire sur l'achat d'une once de graine) la rendit accessible à la gêne même la plus exceptionnelle.

Dans la partie scientifique que, dans l'intérêt général d'une propagation plus facile, nous avons renoncé à imprimer avec les instructions qui vont suivre, mais que, sûrement, nous porterons devant les sociétés savantes compétentes en la matière, pour y être contrôlée, discutée, nous sommes arrivés aux conclusions suivantes, singulièrement pénibles à envisager :

La gattine est une maladie constitutionnelle, le produit, à la fois : 1° d'une véritable intoxication pétéchiale venue à l'animal des désordres climatériques du temps; et 2° d'une alimentation insuffisante; le mûrier malade, où *sous l'influence* lui-même, ne donnant plus une feuille aussi riche en matière alibile et sucrée que par le passé. C'est une maladie essentiellement héréditaire, et existant dans tous les états par lesquels passe l'animal.

Elle est épidémique, mais en l'état non contagieuse, quoique les émanations d'un foyer empesté ne soient pas sans action défavorable sur les sujets bien portants.

Cette maladie est, sous le rapport de la gravité du moins, entièrement comparable aux épidémies qui, à trois ou quatre reprises et à des siècles différents, anéantirent l'industrie séricicole d'une manière complète.

Le danger et la gravité spéciale de la crise que nous traversons vient de ce que toutes les provenances, dans lesquelles on dut puiser jadis et qui réussirent à relever la belle industrie, sont aujourd'hui aussi gravement atteintes que nous, et que celles vers lesquelles on pourrait se tourner avec quelque espoir, sont trop lointaines pour que le transport ne soit pas funeste à la précieuse semence, du moment que ce transport deviendrait *industriel.*

Il suit de ce qui précède que le commerce des graines, dont la conscience en général ne doit pas être sans graves remords, doit être impuissant, serait-il décidément revenu à la vertu et à l'honneur, à nous arracher, *à lui seul*, au danger dont chacun peut désormais mesurer toute l'étendue.

La ruine de la sériciculture (et si ce n'était pour toujours ce serait pour de longues années) n'est pas seulement la ruine d'une contrée circonscrite de la France, de l'Europe, de l'Asie, c'est peut-être le plus grand échec qui pût être porté à notre influence industrielle sur le globe entier; c'est un coup mortel pour Lyon ; car la production nationale est un privilége, un régulateur ; et comme une levée du poids qui nous a défendu jusqu'ici contre les fantaisies d'un commerce européen, maître de toutes les passes, livré à lui-même, à la soif ardente du gain, et à la passion mortelle du jeu. — Eh bien! le dirons-nous? en face d'un malheur pareil à celui qui nous frappe, en face de l'avenir que nous offrent l'étude du présent et l'histoire du passé, en face de la pauvreté et de l'insuffisance des moyens de salut présentés à la détresse publique; en face de tout ce que l'on pratique ou l'on est en voie de pratiquer, pour échapper aux conséquences du désastre ; en face de toutes les solutions que la passion du bien fait surgir de toutes parts, il n'en peut subsister désormais qu'une seule, celle assise régulièrement sur les vérités scientifiques, logique et inébranlable résultat des observations et expériences entreprises et menées à fin par les praticiens, dont nous nous sommes fait l'organe fidèle.

Pour arriver au salut il faut nécessairement passer par la porte qu'ils ont ouverte, ou, tout au moins, mise en état de service.

D'autres peut-être l'agrandiront, en rendront l'usage plus commode, mais, nous le répétons, c'est par elle qu'il faudra passer... à moins qu'il n'y ait pas de salut, ce qui ne peut être, croyons-nous, élevé à l'état d'opinion sérieuse.

Ce n'est pas qu'en même temps ou bien même avant eux, on n'eût découvert les signes du mal non-seulement dans le ver, mais encore dans chacun des états par lesquels il passe; ce n'est pas que quelques éducateurs ne se fussent élevés à l'idée de faire, à part, de petites éducations, dans l'intention de produire spécialement de la graine; mais, jusqu'ici, tout était resté vague et disséminé dans plusieurs têtes, par la raison bien simple que, quand on n'a pas une idée bien nette d'un mal, l'on ne peut espérer raisonnablement de lui trouver un remède.

M. et Mme Bernard-Durand, par des observations et expériences suivies pendant plusieurs années, sur les diverses parties de la question, sont arrivés à cette notion, et de cette notion exacte il en est résulté, comme fruit original et propriété bien réelle, la méthode générale naturelle et par excellence pour arriver (par le plus court chemin que nous réserve la Providence) à dénouer enfin sans délais plus lontemps ruineux, la question *d'être ou de ne pas être* que la position précaire de chaque éducateur pose instamment à la sériciculture. Cette méthode consiste dans le choix *un à un* et à plusieurs degrés (au moment le plus favorable de chacune des grandes métamorphoses que subit l'insecte) des sujets destinés à la reproduction.

Dans la pratique, et pour être efficace, ce criblage qui se fait d'après l'absence des signes de la maladie, doit être perpétuel et peut porter sur toutes les races ou provenances sans exception; il est facilement exécutable par tout éducateur susceptible de quelque attention, et fait même, comme nous le verrons, tomber *le prix de revient* de la graine à un chiffre bien au-dessous du prix de celle du commerce, désormais perdue dans l'esprit public. Outre ces avantages, il permet à chacun de gagner le prix de main-d'œuvre, et le force même à cela, comme pour l'instruire du degré réel de confiance qu'il devra avoir dans sa prochaine récolte.

En désignant les sujets purs de toute atteinte, la méthode permet de reconnaître ceux dont le mal n'est pas incompatible avec la production d'un cocon, et esquisse les soins généraux que doit prendre l'éducateur pour (après avoir rejeté ceux qui ne peuvent aboutir à rien) arriver à ce double but : Avoir en suffisante quantité de la bonne graine, et obtenir de ce qui a dû résister à l'élimination, autant de cocons qu'il est possible.

De là, la nécessité de diviser ce petit manuel en deux parties, la première traitant des opérations successives qui constituent le criblage en question, et la seconde donnant le moyen de maintenir ou fortifier la santé de ce qui la possède, de tirer enfin tout le parti possible de ce qui n'est point définitivement perdu.

Nous allons, sans plus attendre, aborder la question ; mais nous ne le ferons pas sans avoir prié le lecteur de considérer, dans cet ouvrage, plus le fond que la forme, plus les idées que le style. Dans des travaux du genre de celui-ci, la plume est condamnée à obéir passivement, et, s'il est un mérite auquel elle doive aspirer, c'est d'accomplir ce devoir avec toute l'exactitude et la servilité qu'il appelle, marchant solide et ferme dans le chemin de l'observation, et s'inspirant religieusement des faits sans pencher jamais ni en deçà ni au-delà, quels que soient ses propres penchants.

PREMIÈRE PARTIE.

DESCRIPTION DES DIVERS TEMPS DU CRIBLAGE SUCCESSIF QUI
A PROPREMENT PARLER CONSTITUENT LA MÉTHODE.

I.

Exposé sommaire.

Notre méthode de traitement, notre système de défense contre le fléau repose carrément sur les idées scientifiques résumées plus haut et que les travaux de notre expérience et de notre observation auront, croyons-nous, définitivement assises. L'empirisme proprement dit n'aura pas la plus petite part dans ce qui va être exposé ; le lecteur aura bientôt dans ses mains l'excellent moyen de nous juger par nous-mêmes.

Or, voici que tout d'abord faisant usage des armes placées aux mains de la critique par le système lui-même, l'on nous dira : « Les idées soutenues par vous sur la nature du mal en arrivent forcément à l'idée simple et en quelque sorte banale de choisir, chacun dans son éducation, les vers bien portants qui pourront se rencontrer et de les faire coconner et grainer à part ; et, continuera-t-on, ceci n'est pas neuf ; Loiseleur des Longchamps, Freyssinet, etc., etc., ont émis cette idée avant vous et n'ont point abouti que nous sachions. »

Nous arrêtons l'argumentation : « Les tentatives dans cette voie ont été simples et non combinées comme il l'eût convenu ; les bases scientifiques d'un art ont beau être claires et nettement arrêtées, l'art qui se greffe sur elles n'en sera pas moins pour cela entouré de ce système de difficultés pratiques qui, surgissant d'une manière on peut dire constante, dut souvent et pour si longtemps arrêter, dans leurs développements, des idées destinées cependant à jeter plus tard le plus grand éclat sur la civilisation.

Oui, certainement, comme on a fait avant nous, il faut choisir, mais pour que ce choix soit *efficace* et *pratique*, comment s'y prendre ? Là est désormais pour nous réduite la question.

Eh bien! dans ce choix il conviendra de procéder comme si les caractères de la maladie manquaient de netteté et de constance, il faudra invoquer méthodiquement tous les moyens en notre pouvoir, et dans la gène pratique de l'encombrement négliger toujours les moins importants.

Il faut agir comme si un premier choix ne pouvait être définitif en raison de l'infirmité propre de l'observateur intéressé et quelquefois même du manque de netteté des signes de la maladie. Il faut supposer que le ver peut couver la maladie sans en porter des traces extérieures apparentes. Il faut admettre enfin que le ver peut contracter la maladie postérieurement au choix. Il faut avec cela que l'opération soit suffisamment dégagée de difficultés pour qu'elle puisse entrer dès aujourd'hui et à larges battants dans la pratique de la masse des éducateurs de nos campagnes, en un mot qu'elle ne soit point illusoire.

Il faut donc que ce choix se décompose en un petit nombre de temps s'opérant à propos, et jouissant de la propriété de se contrôler efficacement les uns par les autres, à ce point qu'en dehors d'eux toute pratique puisse être considérée comme superflue.

L'importance d'un choix parfait n'échappera à personne quand on verra par la pratique combien les *vers purs sont rares* et *ont de valeur*, combien serait à regretter la perte plus ou moins complète d'une génération par l'accouplement d'un ver bien portant avec un ver atteint ; et combien il conviendrait d'arriver à un résultat irréprochable dès la première année d'application du système.

Nous allons donc dans les pages qui suivent et avec leur ordre naturel de succession décrire les divers temps qui sont appelés à faire passer dans les faits le principe du *choix un à un*.

On verra bientôt que cette méthode, née spécialement pour combattre la gattine, est susceptible d'être généralisée, étendue, appropriée à la lutte contre toutes les maladies constitutionnelles et héréditaires qui peuvent frapper le ver à soie ; qu'elle est éminemment *hygiénique*, *préventive*, et que par là son application doit nécessairement devenir *perpétuelle*.

Chaque temps de l'opération générale sera analysé à part, exposé dans ses détails et raisonné de telle sorte que chaque praticien soit mis à même de pousser le plus loin possible la perfection dans les applications. En conséquence, cette partie sera divisée en trois sections. La première s'occupera du choix portant sur l'animal à l'état de ver ; la deuxième des signes tirés du cocon ; la troisième, enfin, des signes tirés du papillon. Dans les développements que nous allons donner, nous tiendrons bon compte de la transition. Il importe singulièrement, en effet, d'apprendre au sériciculteur, qui n'aura pas été instruit à temps, de tirer le meilleur parti possible de la position dans laquelle il aura été trouvé par la méthode. S'il est vrai, comme disent les Anglais, que *le temps est de l'argent*, il faut avouer que nulle part mieux qu'ici cet adage est une vérité vivante.

II.

Signes tirés des vers.

Dans la même nourriture et *le même jour*, *le plus près possible de la montée*, *la veille ou avant-veille*, on choisira un à un sur toute la nourriture les vers qui ne présenteront aucun des caractères de la maladie.

Vous reconnaîtrez qu'un ver n'est pas atteint de la maladie aux signes suivants : il sera d'une belle forme générale et s'allongera vers la feuille ou la bruyère avec un reste de ces allures de serpent qu'il avait au plus haut degré. Sa magnifique couleur verdâtre se sera changée en couleur jaune transparent, rance, ambrée que connait parfaitement le praticien.

La maladie pourrait exister par exception minime, c'est vrai, sans manifestation visible sur la peau ; mais pour l'œil exercé, à l'âge dont il est question, la forme générale suffirait presque pour déceler la maladie qui raccourcit le ver, *bombe spécialement* ses anneaux et diminue sa transparence, le rend laiteux opaque. Il faut que le ver n'ait sur le corps aucune espèce de tache, de poivrure, de quelque couleur ou dimension qu'elle soit. Dans le cas où le malade n'est pas très-affligé, les piqûres sont à peine visibles à l'œil, et règnent souvent à la jointure des anneaux ; on apercevra ces dernières en étirant le ver et étendant le pli par une douce traction sur le ver.

Alors qu'il n'y a pas de piqûres on pourra trouver les taches ou pétéchies, signe du mal dans les *extrémités les plus éloignées du centre circulatoire*, aux pattes et à la queue : les pattes qui présentent naturellement des cils, jaunissent d'abord puis noircissent bientôt.

Mais un caractère *beaucoup plus pratique et qui expédie le travail*, c'est celui que présente la *queue ou éperon*.

Elle peut être noir-bitume, charbonnée, ce qui se voit avec la plus grande facilité ; le ver est alors perdu de toutes manières, quand ce signe existe avant la dernière mue.

A un degré moindre de la maladie elle peut être frappée de *constriction*, d'une sorte d'étranglement venant comme d'un dessèchement de son extrémité et qui est le prélude de la gangrène ; elle a changé de couleur et a légèrement jauni ; on constatera ce caractère avec facilité en regardant le sujet à contre jour.

Les observateurs qui n'ont vu dans la gattine qu'une poivrure ou maladie de la peau, et qui n'ont pas vu apparaître la diathèse, la constitutionnalité derrière le signe extérieur, ont naturellement considéré le ver qui n'avait qu'une constricture vers l'éperon comme un ver sain dont la queue aurait été gelée si l'on veut. Ils n'ont pas écouté les enseignements de ce signe si léger, et s'ils ont tenté de faire de la graine avec de pareils sujets, leurs efforts ont été peu couronnés de succès ; surtout, s'ils ont comme cela est probable procédé avant l'époque que nous désignons.

Comment pourrait s'en étonner l'homme versé dans ces matières ? Ils ont raisonné comme celui qui, ne voyant sur un homme sain qu'une petite tache erruptive, une dartre imperceptible, serait grandement étonné de voir l'enfant de ce dernier couvert des signes d'une affreuse maladie. Les signes sont quelquefois et dans quelques circonstances proportionnels aux maladies, mais il faut se défier : il y a, à cette règle, de nombreuses et dangereuses exceptions comme le prouvent les faits et les retards qui ont été mis dans la découverte de la méthode qu'il nous a été donné d'inventer et de produire.

Choisi à la montée, le ver qui n'a pour tout signe de la maladie que la constriction de l'éperon, fera probablement son cocon ; et peut-être même son papillon ira-t-il jusqu'à vous donner de la graine, mais la confiance en un pareil reproducteur serait bien mal placée, si peu marqués que fussent les signes en question.

A cet âge, la maladie ne peut être larvée, cachée aux yeux, et les signes extérieurs seront en raison même de l'intensité de son action sur l'animal. Toute la question est dans ce dernier fait de médecine générale ; les organismes peuvent-ils avec le temps et par des générations successives se délivrer une fois pour toutes de ces ennemis qu'on nomme diathèses et cela est-il possible pour tous les animaux ?

Nous penchons pour l'affirmative mais à titre exceptionnel, et c'est cette raison qui borne pour nous les ténèbres de l'avenir séricicole.

Mais cette manière de voir scientifique n'a rien de consolant pour le présent et même d'applicable et de pratique.

L'expérience nous a démontré que sur les nourritures de plus belle apparence, les vers qui présentent un corps et des pattes vierges de taches, une queue, un éperon absolument purs de toute atteinte, sont très-rares à trouver et par conséquent au dernier degré précieux à recueillir.

Dans la position actuellement faite au magnanier, le conseil **pratique** que nous donnons est le suivant : Ne faire de vers à soie qu'avec de la graine faite par soi-même et avec des vers absolument purs de tous signes de maladie, choisis dans sa propre nourriture ou dans celle d'un autre, en cas de nécessité.

Si notre avis ne prévalait pas d'une manière absolue, on séparera les purs de ceux très-légèrement atteints, afin de s'édifier sans retard et autant que possible sur la valeur de nos conseils par l'expérience propre, et de ne pas persévérer plus longtemps dans un entêtement préjudiciable au dernier degré.

Nous donnons le conseil de choisir les vers *le plus près de la montée,* parce que l'expérience nous a démontré que les signes de la maladie prennent à ce moment-là une netteté qui ne peut échapper à l'observateur le moins habile ; et qu'il arrive le plus souvent que la préparation de la métamorphose amène l'apparition des signes qui ne s'étaient pas encore manifestés ; car la gattine ne tombe pas brusquement sur le ver, *elle le mine* avant d'éclater aux yeux ; et cette éruption des signes du mal peut être plus ou moins hâtée ou retardée par la *faute ou les soins* de l'éducateur.

On fera le choix des vers autant que possible le même jour, au mieux du même âge, de manière à ce qu'ils commencent exactement en même temps leurs cocons. Dans la pénurie où l'on sera des vers purs, il convient que la sortie des papillons de leurs cocons soit *simultanée* pour qu'il n'y ait pas de perte de sujets et que l'accouplement, se produisant dans les conditions les plus parfaites, puisse donner la plus grande quantité de graine possible.

L'application de ce conseil important est la garantie par excellence qu'il en sera ainsi ; c'est une vérité expérimentale.

L'expérience des autres et la nôtre personnelle nous démontrent que, règle générale et à de minimes exceptions près, les vers à soie peints sur le devant de la tête et ayant comme on dit *des yeux*, sont des mâles, ceux qui ont la tête blanche étant des femelles. On profitera de cette remarque on ne peut plus avantageuse pour *proportionner* les sexes dans la formation du contingent reproducteur.

Le seul avantage qui déroule de la possibilité d'une pareille pratique combinée avec la précaution du choix du même âge, d'après notre calcul paierait et au-delà le travail que nous imposons aux ménagères en mettant fin au hasard des *disproportions de mâles et de femelles*, si fréquent et si coûteux dans l'ancien système.

Dans le travail du choix des vers sur les tables, l'on ne tardera pas à être frappé de l'énorme prédominance des femelles sur les mâles, fait qu'on observe chez toutes les races qui vont dépérissant, mais avec cela l'on remarquera également que les mâles subsistants présentent proportion gardée une santé préférable, ce qui permettra d'arriver par le choix et malgré l'apparence au nombre nécessaire d'individus de ce sexe. Du reste, quoique la nécessité où déjà depuis de nombreuses années l'on s'est trouvé, faute de l'application de ces idées et en raison du dépérissement de la race, de faire servir un mâle à plusieurs femelles, soit une source réelle d'affaiblissement qui par l'effet d'un cercle vicieux l'expose à l'action des épidémies, nous savons cependant que, par expérience et d'après l'opinion des meilleurs esprits, chaque femelle n'a pas absolument besoin de son mâle, et qu'une proportion d'un tiers et même à la rigueur d'une moitié de mâles bien portants ne serait pas un inconvénient vital. Ce fait important pourrait, peut-être, tout en permettant de faire contre mauvaise fortune bon cœur (au cas où l'on n'aurait pu égaliser les sexes, ce qui est la loi provisoire, pourrait, disons-nous, convenablement étudié, devenir par une plus bon gue expérience, le point de départ de quelques économies sur le prix de revient de la graine.

En conséquence, et en établissant son compte d'après l'expérience commune, il est évident qu'un assortiment de deux cent cinquante mâles et femelles ayant donné en moyenne une livre de cocons, produiront une quantité de graine dépassant notablement la moyenne, qui, lorsque l'opération se fait avec succès, est d'une once par livre en suivant les anciens procédés par lesquels l'assortiment des sexes est entièrement livré au hasard. En se basant sur les données qui précèdent l'on pourra, si la maladie le permet, ce qui se rencontrera rarement, choisir dans sa nourriture la quantité de sujets reproducteurs nécessaires à la formation exacte de sa provision de graine.

En ce qui concerne la pratique de ces choix, nous avons à présenter une observation qui s'applique, du reste, à toutes les opérations de la méthode. L'on obtiendra plus de rapidité et de perfection en choisissant rapidement sur les tables tous les vers à soie qui au premier coup-d'œil ne paraîtront pas atteints. Placés sur une table au jour et dans les conditions meilleures pour l'observateur, ils subiront ensuite là un second choix, le choix définitif.

Les caractères de la maladie sont fixes et certains, mais en tout et quelle que soit l'habileté qu'on ait, on fera bien de s'aider de la comparaison, de la confrontation réciproque des sujets.

Les verres grossissants ne sont pas absolument indispensables, cependant leur usage (une loupe du prix de deux à trois francs suffit pour cela) apprend à découvrir plus facilement, à l'œil nu, les caractères de la maladie. Il va sans dire qu'en faisant un choix contre la gattine on ne négligera pas de se parer chemin faisant contre toutes les autres maladies susceptibles d'être discernées.

III.

Signes tirés du cocon.

Les vers choisis par les procédés décrits plus haut et soigneusement mis en bruyère, à part, auront certainement fait chacun un cocon irréprochable, à moins qu'ils n'aient été atteints subséquemment à ce choix par la muscardine ou toute autre maladie, ce qui pourrait fort bien arriver; rien ne nous garantit du contraire; à moins encore que ce choix n'ait pas eu toute la perfection désirable et qu'on ait méconnu les caractères de la maladie chez une partie des sujets.

Il importe donc que le premier temps du triage soit corroboré par le second, celui qui doit porter sur le cocon précisément.

C'était, naguère, et c'est encore sur le cocon seul et exclusivement, d'après les signes de sa perfection, que l'on *choisissait sa graine* ; passez-nous l'expression consacrée.

Dans notre méthode, les signes émanant de cette enveloppe ne cessent pas d'avoir une importance fondamentale ; mais, chose singulière ! les signes de naguère sont relégués au second rang par la méthode, tandis que, comme on le verra, cette dernière met exclusivement à profit un caractère fondamental entièrement méconnu dans l'ancienne manière d'agir.

L'on va bientôt en juger.

Par les procédés suivis jusqu'ici, on se bornait à choisir, pour faire sa graine, les cocons *les plus beaux de sa récolte*, en rejetant toutefois les morts et les dragées, la comparaison et le choix portaient sur la *force* et le *poids du cocon* et sur la qualité du brin.

Dans les campagnes on préconisait le choix parmi ceux qui étaient *perchés le plus haut* dans les bruyères, et l'on avait reconnu que par ce moyen on avait plus de mâles. On avait également conseillé de choisir spécialement dans une récolte ayant été frappée de la muscardine, avec cette raison que les sujets qui avaient échappé à la maladie devaient être robustes par excellence.

Ce choix, unique opération de triage, pratiqué sur les individus destinés à la reproduction nécessaire, comme nous le verrons, reposait toutefois sur des idées fausses qui ont fait beaucoup de tort à la sériciculture. On partait, qu'on s'en rendit compte ou non, de cette idée que le cocon est une *fin*, un *fruit* de l'animal. Or, rien n'est plus faux, le cocon, chose essentielle pour l'homme, n'est, en définitive, qu'une *déjection*, un *produit accessoire* que la nature, par une pratique qui lui est familière, tout en en débarrassant l'animal comme d'un excrément, fait tourner à sa plus grande utilité, en lui en formant une enveloppe protectrice contre ses ennemis vivants et aussi contre les intempéries des saisons.

En principe donc, qui dit bon cocon ne dit pas bon ver ; c'est en allant contre cette vérité qu'on a longtemps méconnu et qu'on méconnait encore généralement la nature constitutionnelle de la maladie et qu'on s'expose chaque jour à de nouveaux déboires.

Ce que nous avançons est à tel point vrai, que quelques magnaniers avaient pu soutenir, après quelques empiriques, le paradoxe suivant, ayant toutefois pour point de départ une vérité, à savoir qu'un bon ver ne *faisait jamais un bon cocon* ; et qu'en conséquence, on devait choisir la graine *dans les chiques*. Ils soutenaient cela comme la conséquence d'une opposition entre la production de la soie et le reste de la santé de l'individu ; de même qu'on pourrait soutenir que le fait d'avoir une chevelure exceptionnelle n'est pas nécessairement le propre d'une santé de premier ordre, tout au contraire, par cette raison bien simple qu'il est notoire que les chevelures exceptionnelles sont le plus souvent l'apanage des tempéraments rachitiques.

Mais la vérité en physiologie n'est jamais dans les extrêmes : sur un papillon bon reproducteur qui sortira d'une chique, cent fois vous observerez le contraire. Sur des cocons excellents, produits par des vers bien choisis, cela s'entend, vous verrez qu'un nombre très-restreint donnera de mauvais papillons, et cela viendra-t il encore le plus souvent de l'imperfection de votre choix.

D'après ce que nous venons de dire plus haut, il serait prudent, toutefois, de ne pas rejeter les cocons faibles ; cela est très-vrai, et nous l'avons observé ; ils peuvent donner des papillons bons reproducteurs, or, il serait malheureux d'avoir sacrifié ces derniers.

Autant la première opération avait été sévère, autant celle-ci sera prudente.

Il ne peut y avoir de comparaison pour les chances de succès entre les résultats de grainage de cocons faibles, produits par des vers choisis et celui d'excellents cocons pris purement et simplement dans la fleur d'une récolte. On notera ce point qui est le fait cardinal de nos recherches, et sur lequel est fondé presque entièrement le succès de notre méthode.

Pour juger d'un animal, il ne faut pas l'étudier dans les périodes de transitions, les caractères de son individualité disparaissent ou du moins s'obscurcissent.

L'état de cocon est une de ces périodes où tout semble se confondre dans l'insecte. C'est ainsi, qu'en ce qui regarde la question du choix de mâles et de femelles, le succès à peu près certain à l'état de ver, en suivant l'instruction simple et claire que nous avons donnée, n'est plus qu'extrêmement chanceux à l'état de cocon ; le plus ou moins d'étranglement ou d'allongement de cette coque étant un caractère de la dernière imperfection.

Il est donc inutile de contrôler par le choix du cocon le choix du ver en ce qui regarde les sexes aussi bien que la santé, et si du choix des cocons nous avons fait une opération, c'est pour exprimer, à la place convenable, l'opinion qui résulte de nos expériences et observations sur cette pratique si vieille et si défectueuse, et pour dire à l'éducateur, qui, pris au dépourvu, n'aurait pas pu exécuter la première opération et qui ne renoncerait pas à faire de sa graine, qu'il trouvera toujours les sujets les mieux portants et les meilleurs reproducteurs au *haut des bruyères*, cette loi se substituant à toutes les autres. Et quant à ce qui regarde le choix des sexes l'on suivra aussi bien que possible l'ancienne pratique en ayant présent à l'esprit ce fait, à savoir : que toutes choses égales d'ailleurs, les mâles prédominent de beaucoup dans la même partie élevée des bruyères.

Le caractère on pourrait dire nouveau et cardinal que fournit le cocon à la pratique restauratrice, *à la méthode*, se tire exclusivement de la *coloration du goulot* du cocon percé, de l'orifice par lequel est sorti le papillon.

Cette sortie du cocon est un acte fort laborieux, surtout si l'on considère qu'elle a lieu immédiatement après la métamorphose la plus importante de l'animal. Quelles que soient les précautions inspirées au ver par la nature, précautions consistant dans la manière heureuse dont il a tissé son cocon (1), et quelle que soit l'action dissolvante du liquide qu'il regurgite à cet effet, il faut qu'il sépare, en un temps très-court, les éléments de ce feutre d'une résistance justement en raison de la puissance adhésive de la matière gélatino-résineuse qui entre pour une si grande portion dans la structure du cocon.

Avec une connaissance approfondie de la maladie l'on aurait pu présumer d'avance que la traversée de cette phase ne manquerait pas d'être pour le sériciculteur praticien, comme une pierre de touche facile, usuelle et des plus sensibles, à la puissance de laquelle l'état pathologique le plus insidieux, le plus larvé ne pourrait échapper. Et cette pierre de touche, d'ailleurs, devenait pour ainsi dire indispensable à la méthode, en raison, comme nous le verrons dans le chapitre suivant, de l'obscurité des signes externes de la maladie chez le papillon, dans certains cas où il importait singulièrement d'être édifié sans le concours extrême de l'autopsie.

L'inspection du goulot nous renseigne, d'une manière on ne peut plus précise, sur l'état des organes splanchniques. On comprend par là sa valeur. Voyez, en effet : pour sortir, l'animal continue l'action dissolvante d'un liquide qu'il secrète par l'orifice buccal, avec la poussée de sa tête, et même, dit-on, avec de véritables petits chocs. Cette salive, si l'animal est sous l'influence de l'action de la maladie, doit nécessairement porter des traces de l'altération générale des liquides. Nous avons, en effet, observé que le goulot est coloré, dès le début du gratage et avant qu'on ait aperçu la tête du papillon. Mais la tête et la poitrine sorties, tout n'est pas fini ; il faut que l'abdomen toujours bien plus large que le diamètre du goulot surtout chez la femelle et chez l'animal malade, passe à travers cette filière ayant pris par le passage des premiers organes la forme d'un tube conique d'une certaine largeur. Or, si le cloaque, le cœcum, les réservoirs urinaux sont gorgés de liquides sanieux décomposés et de matières excrétoires retenues, comme c'est le caractère de la maladie, comment les parois des muscles abdominaux pourront-ils faire obstacle à leur issue, par la pression mécanique, puisque d'essence la maladie les affaiblit dans leur action et les paralyse au point que la poche ventrale soit réduite en une vessie à peine sensible aux plus énergiques stimulants.

De ce qui précède, l'on conclura donc, comme nous, que si tout papillon

(1) Le ver en tissant son cocon dispose le fil en petits écheveaux qui s'imbriquent vers la calotte du cocon, de telle sorte que le papillon n'a qu'à dessouder leurs boucles et les séparer sans qu'il ait à briser un seul fil ; c'est sur ce fait que se sont basées les personnes qui ont cherché le problème du dévidage des cocons de graine.

qui sort d'un cocon non taché d'une rouille plus ou moins noirâtre, ne peut d'une manière absolue recevoir un brevet de santé irréprochable, il demeure du moins acquis que tout papillon qui marque le cocon de ce stigmate si facile à reconnaitre, est sous l'influence de la maladie.

L'expérience est, du reste, là pour confirmer la théorie, on s'en édifiera facilement.

Pour ceux qui l'ont reconnu avant ou en même temps que nous, ce caractère est resté lettre morte; ils n'ont ni vu ni mesuré l'importance qu'il pourrait acquérir dans l'issue de la position malheureuse dans laquelle nous nous trouvons.

Or ce qui fait de ce caractère une des bases fondamentales et originales de notre système le constitue en réalité notre propriété exclusive; on nous passera bientôt ces prétentions, nous n'en doutons point.

D'abord, avant tout, que nous disions le parti inespéré et pour ainsi dire providentiel qu'en peuvent tirer le gouvernement ou les gouvernements dans l'intérêt général des populations séricicoles, et contre les fraudes ou l'impéritie du commerce des graines.

Si notre faible voix était entendue, S. M. l'Empereur enverrait, dans toutes les provenances et ateliers de grainage du levant, fondés ou à fonder, des inspecteurs ayant mission de sceller, de leurs cachets, toutes les boites de graines produites par des *cocons non tachés*, refusant cet office à tout le reste, et décourageant ainsi, d'une manière définitive, une spéculation honteuse; le pire des vols, un vol de confiance permanent et audacieux se produisant au grand jour et dans l'impunité.

Par cette institution d'un caractère si pratique, si facile à créer, si simple dans son jeu, si féconde dans ses résultats, l'on pourrait dès aujourd'hui songer sérieusement à la récolte même et compter sur elle; l'on n'aurait pas, comme nous le verrons, à restreindre son éducation, et armé de la méthode, l'amélioration des conditions athmosphériques continuant, l'on pourrait, sans peines et dépenses, par la fabrication naturelle et rationnelle de sa propre graine, préparer à la sériciculture et pour des temps rapprochés, un avenir brillant et pour jamais dégagé des chances mortelles qui, à plusieurs reprises, depuis son introduction, l'ont déjà précipitée dans la ruine la plus complète, la plus absolue.

Maintenant quel rôle spécial ce caractère est-il appelé à jouer dans la méthode?

Sur les deux faces d'un cadre en bois d'une épaisseur d'un centimètre et demi, vous tendrez directement et ensuite transversalement, des cordons de lisse à la distance de l'épaisseur d'un cocon, de manière à former de petits carrés se correspondant d'une face à l'autre.

Ce double quadrillage, constituant un ensemble de loges flexibles, soutiendra, sans qu'il y ait de pression, et couchés les uns au-dessus des autres, les cocons produits par vos vers de choix. Par ce procédé, si l'on suspend le cadre verticalement, au milieu de l'appartement où doit avoir lieu le grainage, on sera parfaitement à même, en faisant le tour de l'appareil, de voir pointer la tête du papillon, les cocons ne se touchant que par le flanc et les deux faces de l'appareil monté, présentant entièrement le bout des cocons.

On pourrait, certainement, faire, comme par le passé, enfiler les cocons ou les étendre sur une table, mais le travail dont nous allons parler serait plus difficile et, dans les conditions qui lui sont actuellement faites, l'éducateur serait exposé à des pertes on ne peut plus regrettables.

La marche que nous avons indiquée au chapitre précédent ayant été suivie dans toute la rigueur qu'elle appelle, et le choix des vers s'étant effectué exactement au même âge, l'opération de la grenaison ne fera pas long feu ; la sortie des papillons sera, à peu de chose près, simultanée, et il sera facile, en conséquence, de se vouer exclusivement au travail que leur apparition devra nécessiter.

Ce travail consiste à épier la sortie des papillons de leurs cocons, afin de ne pas confondre ceux qui auront taché le goulot avec ceux qui l'auront laissé pur. Pour éviter la peine d'une surveillance inutile, l'on élaguera, avec leurs cocons, et au besoin on tuera, sans plus attendre, et au fur et à mesure que la tache sera constatée et qu'ils commenceront de sortir, les sujets sur la progéniture desquels il n'y a malheureusement plus à compter.

En considération de l'importance de ce temps, contrôle par excellence de celui qui a pour objet le choix des vers, l'on comprendra que nous enjoignions formellement, aux personnes qui se chargeront de ce soin, de faire, autour de leurs cocons de graine, la *faction la plus absolue* du moment qu'on remarquera les premiers signes du travail qui doit se terminer par la sortie du papillon. Comme nous l'avons dit, et par les raisons que nous en avons données, ce travail ne fera pas long feu ; mais, nous insistons, la *faction sera absolue*, et quoique d'habitude les papillons ne sortent guère qu'entre cinq et neuf heures du matin, on sera debout au moins dès *trois heures*, afin d'assister aux débuts du travail que le papillon effectue pour sortir et qu'on appelle ici *gratage*.

IV.

Signes tirés du papillon.

Il est certain qu'après que les sujets reproducteurs auront subi la double opération de triage qui précède, d'abord à l'état de ver, ensuite à l'état de cocon, où l'arrêt de la race sera prononcé définitivement et sans appel ou l'on pourra fonder de légitimes espérances sur ceux qui auront résisté à l'épreuve.

Il semble, en conséquence, que le troisième temps de la méthode lequel consiste dans le choix des papillons, devienne parfaitement inutile. Nous y tenons cependant.

Dans l'application, les choses médicales, qu'on nous passe le mot, présentent toujours quelque obscurité inattendue, et, en ces matières, il est bon de s'entourer de toutes les garanties possibles. Il s'agit du succès d'une opération d'élimination qui ayant d'abord reposé sur une nourriture souvent d'une grande importance, aura certainement donné des résultats qui ne manqueront pas malheureusement de montrer toute la rareté et toute la valeur des sujets bien portants, et par conséquent tout l'intérêt qu'il y aura à ne pas compromettre leur précieuse lignée par un accouplement avec quelque sujet atteint.

Il pourra se faire qu'en effet un papillon malade bien que par exception fort rare, ne tache pas sensiblement le goulot du cocon, soit en raison du peu d'intensité de son mal, ce dernier n'ayant été contracté que sur la fin de son existence, ou n'ayant eu qu'une faible prise sur son organisme, soit en raison du peu de résistance qu'il aura rencontré dans la coque soyeuse. L'épreuve est moins grave pour le papillon sortant d'une chique que pour celui sortant d'un bon cocon.

Il pourra encore se faire que malgré tous les soins qu'on aura pris, soit pour une raison soit pour une autre, l'on n'ait pas vu de quel cocon est sorti le papillon qu'on veut accoupler.

Or, il serait bien fâcheux que, par suite du doute que l'on pourrait avoir touchant son état de santé, on se vit forcé de le mettre au rebut.

Enfin, nous ne sommes nullement fâchés de mettre le sériciculteur à même de vérifier nos assertions par ses propres expériences; par là, il acquerra, avec une persuasion plus intime, plus vivante, nous n'en doutons pas, tout le courage et la force qui peuvent résulter de cette vérification. Ce courage et cette persévérance auront très-certainement à être éprouvés plus d'une fois avant qu'on touche à la terre promise; et de ces utiles dispositions dépendent beaucoup la grandeur et la célérité du succès général, d'un si grand intérêt pour tous.

Les caractères de la maladie sur des papillons issus de vers choisis, comme nous l'avons indiqué, n'ont pas toujours une très-grande netteté, et les signes que nous indiquerons plus bas, ne sont pas toujours d'une suffisante évidence. Chacun peut faire l'observation qui suit:

Un ver à soie poivré fait son cocon, un bon cocon. Vous incisez légèrement ce cocon et sur la chrysalide vous observerez les taches, vous refermerez avec soin le cocon, ayant la précaution toutefois de coller les lèvres de l'incision. Du cocon il sortira un papillon qui tachera le goulot c'est vrai et qui présentera quelques-uns des caractères que nous donnerons plus bas, mais qui ne présentera pas de taches nettes correspondant aux taches qu'il avait à l'état de ver. Ces taches, comme on peut l'observer, le papillon les aura laissées sur sa robe de chrysalide; ce qui, pour un observateur, superficiel ou peu versé dans les matières médicales, pourrait être présenté comme un argument de la non constitutionnalité de la maladie.

Chez le papillon, la maladie prend les caractères que nous allons sommairement décrire. Les antennes ou cornes de l'animal au lieu d'être égales, pures, élancées de forme et régulièrement courbes, sont frisées, recroquevillées, charbonnées même. Ce signe est très-distinct quand il existe. Après ceux que présentent les antennes, les signes de la maladie se reconnaissent avec la plus grande facilité sur les ailes quand ils existent. Les ailes au lieu d'être symétriques, élégantes dans leur coupe, sont inégales, frisées sur leurs bords plus ou moins charbonnés, plissées ou desséchées, *comme si l'animal avait volé dans la flamme d'une bougie.*

Nous avons même observé dans l'épaisseur des ailes, ou mieux dans l'intervalle des deux feuillets qui les constituent, par leur accolement, des phlyctènes ou vessies de la grosseur d'une grosse lentille, contenant une sérosité semblable à l'eau claire et jaunâtre qui sort des vésicatoires.

Mais pour avoir les antennes pures et les ailes saines, le papillon est loin de pouvoir être considéré comme en parfaite santé; on dirait, au contraire, que pendant qu'à l'état de ver les signes de la maladie s'efforcent d'être visibles, ils se cachent, au contraire, chez l'insecte à l'état de papillon.

Ainsi, tandis qu'un ver malade aura toujours la queue et les pattes malades, il poura se faire qu'un papillon n'ait rien aux ailes ou antennes, que son duvet soit, jusqu'à un certain point, régulier et brillant pendant que les signes de la maladie ne se décèleront à l'observateur que par une couleur grise violacée du corps ou une raie de même couleur sur le dos.

Le papillon malade a un port, une physionomie qui n'échappera à aucun observateur un peu exercé, surtout s'il peut être établi une comparaison avec des sujets sains.

Le duvet chez les sujets malades n'a pas cette blancheur ce reflet nacré, brillant, signe de santé, il semble arraché, sur certaines parties du corps et il est hérissé au lieu d'être régulièrement couché dans le même sens. La teinte violacée, grise, noirâtre, s'aperçoit sur tout le corps, mais principalement vers la jointure des anneaux où le duvet est plus rare.

Si l'épreuve du triage, subie à l'état du cocon et que nous avons décrite plus haut, n'avait pas eu lieu ou avait été imparfaite, et à plus forte raison si la première n'avait pas eu lieu et qu'on eût choisi sa graine par l'ancienne méthode, l'on n'aurait pas tardé de faire, comme nous, les remarques suivantes :

Si les mâles sont plus rares (cette rareté relative n'existerait pas en choisissant au haut des bruyères) il sera en revanche plus difficile de trouver parmi les femelles, toute proportion gardée, des sujets purs de toute atteinte, de sorte que par l'élimination, les deux sexes égaliseront leur nombre.

L'on verra également que l'aspect général de faiblesse qu'ont les femelles est dû à la grande proportion des sujets plus ou moins atteints parmi elles.

Les bien portantes ont, comme les mâles, de l'ardeur à l'accouplement ; l'absence d'ardeur n'a lieu que sous l'influence de la maladie.

Les papillons sortis, vous suivrez les principes admis ; vous les accouplerez deux heures après, et ne les laisserez ensemble que quatre heures.

Nous avons remarqué que de belles papillotes avaient souvent besoin du stimulant de l'air frais du matin pour pondre.

Il ne faut pas oublier non plus que nous avons à faire à un papillon de nuit et qu'il est logique de le faire pondre sur des linges noirs et de le tenir dans l'obscurité durant le temps de la grenaison.

Nota. — On a quelquefois rapproché nos travaux de ceux de M. Mitiflot, ces derniers tendent en effet à asseoir, d'une manière plus irrévocable, si c'est possible, le principe du *choix un à un* que nous avons eu l'honneur de poser les premiers et avant lui, comme seule et unique voie de salut. Et, à supposer que le caractère de coloration de la graine mis en évidence et considéré par ce sériciculteur comme le fondement de son système, soit désormais un fait acquis à la science, ce que nous nous garderons bien de contester *à priori*, ce que même nous inclinons à penser, il est évident que ce dernier est destiné à compléter le nôtre en l'entourant d'une nouvelle garantie. Appliqué d'une manière isolée et tel qu'il est sorti de l'intelligence de son auteur, le système de M. Mitiflot, expression de vérité, ne serait, après tout, qu'un perfectionnement de l'ancien mode qui avait pour base trompeuse le triage des cocons et qui doit paraître maintenant si défectueux au lecteur.

Nous prévenons charitablement M. Mitiflot qu'il suppose moins de mal qu'il n'en existe en réalité et qu'en suivant exclusivement ses idées il ne manquerait pas d'arriver le plus souvent au sériciculteur, après avoir fondu ses plus beaux cocons, de ne rien trouver au fond de son creuset.—Le 20 mai 1860.

V.

De l'application perpétuelle de la méthode.

Ces opérations de criblage méthodique et successif se complètent et s'enchaînent de telle sorte que, malgré leurs degrés variés d'importance, l'éducateur n'a pas raison de négliger l'une plutôt que l'autre, et la première condition de bonne application d'une méthode est peut-être *plus l'intégralité que la perfection dans les détails*. L'on ne doit pas oublier que dans tout ce qui tient à la vie il n'y a rien d'absolu.

La méthode de M. Fraissinet à peu près purement hygiénique, partielle, devenue stérile et impuissante, est tombée dans l'abandon avec l'apparition du fléau. Agissant dans toute sa plénitude pendant que ce dernier règne, la méthode que nous préconisons subsiste, à supposer même que le fléau vienne à céder par suite de changements climatériques, avantageux, combinés avec son application répétée pendant quelques années. Cette méthode, dès le premier jour, devient perpétuelle et l'on ne cessera jamais de l'appliquer avec fruits dans son intégralité et avec le plus grand soin ; les difficultés et les travaux de cette application s'amoindrissant du reste avec l'amélioration indéfinie de la position séricicole. Nous n'en serions pas où nous en sommes si la méthode connue avait été appliquée dès le début de la maladie, et d'une manière générale.

Du *sujet reproducteur* dépend très-spécialement et à peu près uniquement (nous avons appris à le connaitre aujourd'hui) le *succès de l'éducation q.tel que soit l'ennemi à combattre*.

L'application en paraitrait-elle impossible par suite de l'absence complète de vers irréprochables, cas qui malheureusement se présentera plus souvent qu'on ne serait peut-être disposé à le croire, qu'il ne faudra point se décourager. Un seul sujet véritablement sain serait-il rencontré dans la chambrée que, marié avec un non absolument pur, il aurait encore la chance sur ses cinq cents graines d'en donner quelques-unes pures de toute atteinte, en vertu de cette vérité que l'*hérédité n'est pas absolue*, quand l'un des parents est sain. Or, les quelques vers sains, résultat de cette première pondaison, donneraient une lignée dix fois suffisante dans la majorité des cas.

Quelle joie ne serait pas celle de nos campagnards s'il leur était annoncé que dans trois ou quatre ans, au plus, ils seront à même d'apprécier d'avance leurs revenus par le poids présumé de leur feuille comme cela se pratiquait jadis au beau temps de la sériciculture.

DEUXIÈME PARTIE.

Exposé des moyens qu'on appellera a son aide pour faciliter l'application du système, et tirer tout le parti possible de la portion de la nourriture qui, incapable de servir a la reproduction, n'est pas néanmoins définitivement perdue au commerce, et peut encore donner une récolte.

Il est un deuxième ordre de conseils complémentaires des précédents, et qui, puisés à la même source expérimentale, ne sauraient être omis sans graves détriments pour les résultats pratiques dont le système ne manquera pas de combler quiconque l'aura appliqué avec une intelligente persévérance. Ces conseils dont la prise en considération est destinée jusqu'à un certain point à fertiliser les premiers en les vérifiant, nous allons les exprimer un à un, dans l'ordre qui nous paraitra le plus naturel.

I.

Restriction de la récolte.

En attendant que nous puissions donner fructueusement aux magnaniers le conseil de ne faire absolument de vers à soie qu'avec la graine fabriquée par lui d'après notre méthode, c'est-à-dire en attendant l'année prochaine, nous donnons le conseil à tous de ne faire de vers à soie qu'une quantité restreinte, non pas relativement à sa feuille seulement, mais même d'une manière absolue : juste la quantité qu'un homme peut conduire lui-même sans fatigue et en tenant l'œil absolument sur tout. Nous les engageons à songer le moins possible à la récolte, d'y renoncer même de bonne grace, pour s'occuper à peu près exclusivement de la création de sa graine pour l'année suivante.

La raison en est fort simple :

Toutes les provenances essayées jusqu'ici sont perdues ou en état de mener inévitablement au désastre, l'on n'a qu'à examiner la marche que suit le fléau depuis quatre ou cinq ans et à analyser sérieusement les promesses qui nous sont faites par les hommes les plus intéressés.

Il n'y a plus à compter sur les graines de pays qui avaient échappé au fléau et toutes les tentatives faites jusqu'ici pour *guérir avec ou sans l'aide du gouvernement* ont échoué.

En suivant ce premier et sage conseil on évitera les inconvénients nécessairement attachés à toute éducation en grand, surtout quand elle doit marcher vers une ruine plus ou moins complète.

Le sériciculteur doit pouvoir s'occuper avec tout le zèle et toute l'activité dont il est susceptible, et *à tout prix*, de l'éducation de laquelle il attend le salut. Il ne le pourrait pas matériellement et ce serait du reste le forcer sciemment à des sacrifices pécuniaires trop grands, que de l'encourager à une éducation de plus de trois ou quatre onces. En effet, depuis quatre ans, la moyenne du produit n'est pas de neuf kilog. par trente grammes, malgré les efforts tentés pour avoir de la bonne graine. Il n'est plus permis de songer à une récolte sérieuse comme profit, on doit, au contraire, en thèse générale, compter sur une perte proportionnée au nombre d'onces que l'on met, et puis les frais augmentés des soins spéciaux que nous préconisons constitueraient encore des chances d'une perte plus considérable.

Les magnaniers qui, frappés de la vérité des idées que nous mettons au jour, verraient avec peine l'abandon de la récolte et en vertu de leurs idées propres ne craindraient pas d'affronter les chances du combat, devront alors adopter le système du *métayage*, c'est à dire donner leurs vers à soie à moitié fruits, s'ils trouvent, ou au besoin à des conditions moins avantageuses ; mais ils devront choisir des hommes intelligents, capables, courageux au travail et disposés à suivre la méthode. Cette manière de faire aurait de grands avantages à être généralement suivie et elle vaudrait bien mieux que l'abandon pur et simple de la récolte. Si elle pouvait être bien appliquée, elle atténuerait certainement les inconvénients produits par l'absence d'une production nationale, et en multipliant, cela est vrai, les chances de pertes et de dépenses, elle les répartirait sur un plus grand nombre et augmenterait aussi dans des proportions sensibles les chances d'un salut plus prochain, par la mise à profit de *tous les éléments purs que peuvent* contenir les graines existantes ; inutile d'insister sur ce point, nous devons être compris.

II.

Recherche de la première Graine.

Le principe de l'abandon de la récolte pour songer à peu près exclusivement au sauvetage de la graine admis, et ayant abouti à la restriction des éducations, nous donnons un conseil non moins important. Dès à présent sans plus attendre, faire appel pour la formation de son contingent de graine (quelques soucis et pertes que cela puisse amener) au plus grand nombre possible de races et provenances, en vous basant pour le choix au moins autant sur la bonne foi du marchand que sur la connaissance exacte de la provenance et du fabricant; seulement toute provenance qui, dans ces derniers temps, aurait donné d'excellents résultats, doit être abandonnée sans plus attendre si l'on annonce qu'elle a été envahie dans l'année même (1).

(1) Dans le mémoire que nous avons soumis à la société d'acclimatation, nous avons, croyons-nous, donné la véritable raison des phénomènes pathologiques dont la graine est le siége. Nos idées sur ce point se résument en ceci : il n'est pas probable que bien que la graine respire véritablement le sujet puisse contracter la maladie sous cette forme, vérité consolante pour les commerçants qui poursuivent avec sincérité la recherche d'une graine pure; en second lieu, plus la graine montre de macules, plus du moins elles se détachent sur un fond transparent et séreux, moins elle vaut; enfin, pour nous résumer, le caractère visuel d'une bonne graine est d'être, à quelque race qu'elle appartienne, d'un violet-chaud, opaque-laiteux (Par ce qui est, jugez alors de l'étendue du mal!). Pour s'édifier sur ce point l'on n'a qu'à expérimenter à part les trois lots : le bon, le médiocre, le mauvais, faits dans une once par le *choix des graines une à une*, ainsi que nous l'avons indiqué dans la note que nous avons inscrite sur le registre de la Préfecture. (Il ne faut pas, en somme, plus de 4 heures pour cette opération faite à plusieurs reprises).

Qui ne voit que ce triage de la graine une à une, auquel nous avons dû renoncer comme partie intégrante de la méthode, n'en conserve pas moins sa valeur et peut soutenir une comparaison avantageuse avec une idée qui a fait récemment beaucoup de bruit, celle de M. Kauffmann. En admettant qu'il s'agit là d'une vérité nouvelle, inattaquable, la découverte de M. Kauffmann n'est pas plus propre à résoudre le problème que celle que nous venons d'exposer : que dis-je, elle l'est moins. Si elle a l'avantage signalé d'être infiniment expéditive, en revanche, elle n'aboutit qu'à nous faire une opinion, le réactif ne fait pas le métal. Il faudrait, pour que tout allât bien, que la graine se divisât en *bonne* et *mauvaise*, ou qu'en même temps et du même coup on pût anéantir tout ce qu'il y a de mauvais dans un parti donné

Les éducateurs qui se trouveraient avoir leur graine, une graine dans laquelle il leur est permis d'avoir quelque confiance, devront donner les plus grands soins *à son hivernage:* c'est un point très-important que la graine demeure suffisamment aérée et bien défendue contre une température et une humidité qui ne lui conviendrait pas, et surtout contre des alternatives qui, nous le croyons, ont été pour beaucoup dans la *perte* des races indigènes *par les petits*, grâce à l'irrégularité extrême d'une suite d'hivers et au manque absolu d'attention des magnaniers sur ce point, en ce temps-là du moins.

Le magnanier ayant pris à temps connaissance de notre méthode, mais frappé par la maladie au point de ne pouvoir pas même exercer un choix chez lui, devra, sans retard et coûte que coûte, se mettre à la recherche d'une nourriture suffisamment belle et qui puisse suppléer à sa misère. Avec l'assentiment du propriétaire, il choisira sur les tables mêmes par les procédés décrits, sa graine sous la forme de vers mûrs, c'est-à-dire, dans les meilleures conditions pour que ses opérations régulièrement continuées réussissent. Il ne pourra s'élever d'obstacle sérieux contre une semblable pratique surtout lorsque le propriétaire lui-même aura déjà fait son choix. Ces vers mûrs comptés seront payables comme autant de cocons faits de la meilleure qualité et si l'on veut au cours exceptionnel des cocons pour graine. Le propriétaire ne pourrait en aucune manière en tirer un meilleur parti, chacun désormais se trouvant peu disposé à acheter de la graine et désirant par-dessus tout présider avec la plus grande sollicitude aux opérations graves desquelles seules il attend le salut.

Sans cela, il est visible que outre que le *choix un à un* peut donner les mêmes résultats en le *pratiquant sur des échantillons*, il réalise au moins en partie ce dernier désidératum. Ces observations sont entièrement et à plus forte raison applicables aux travaux de M. le baron d'Arbalestier et à ses théories de transparence qui, malgré toute leur valeur, que nous n'entendons nullement contester, ont en sus l'inconvénient grave de ne pouvoir être appliquées individuellement par le commun des sériciculteurs.

Quant à l'idée de M. Méritan, elle aussi, basée sur une vérité expérimentale relative sinon absolue (ainsi que semblent le prouver les faits), appliquée dans toute sa largeur, c'est-à-dire sous la forme d'un véritable système d'établissements pour éducations précoces, convenablement liés et répartis dans la région séricicole, de manière à constituer une véritable *condition des graines*, elle nous parait en réalité de beaucoup supérieure en résultats à celle que nous venons d'émettre, et nous sommes loin de nier qu'elle puisse dans ces conditions jouer un grand rôle, un rôle *spécial de transition*, en attendant que notre méthode soit appliquée dans sa plénitude. Mais, bien que tous ces travaux émanés d'hommes remarquables à plus d'un titre, aient leur mérite et leur prix, en dehors même du terrain scientifique, il n'en demeurera pas moins évident, pour nos lecteurs, que pour arriver au but que nous poursuivons tous, ce n'était pas par ce bout qu'il fallait prendre la question et attaquer le problème. — Crest, 20 mai 1860.

Au cas où il faudrait avoir recours à l'ancien système, c'est à dire aux choix en cocons, on devra les prendre sur les bruyères même le plus haut possible, en se souvenant de ce que nous avons dit sur les mâles et sur leur ardeur spéciale à grimper, on s'aidera des caractères connus pour discerner les mâles des femelles en cocon, et pour arriver à une juste proportion s'il y a possibilité.

III.

Des deux espèces d'éducation.

En se mettant à notre point de vue, l'éducateur se propose avant tout de sauver sa graine, mais en dehors de tout cela il ne néglige rien pour que les sujets fatalement compromis dans leur vie et leur lignée arrivent à lui faire des cocons.

Nos observations sur la maladie et les idées qui en découlent ne nous permettent pas d'admettre qu'un vers à soie gattiné *puisse guérir*, mais elles ne rejettent pas comme absurde et impossible le problème qui consiste à rechercher le moyen de retarder la fin des vers non trop maltraités, de manière à ce qu'ils traversent à notre profit l'importante crise dans laquelle ils se débarrasseront de leur soie en nous donnant un cocon.

C'est autant dans la pensée de pouvoir prodiguer des soins délicats et plus nombreux à ces valétudinaires et de pouvoir protéger les sujets sains contre un encombrement toujours fâcheux, que dans la pensée de diminuer les chances ruineuses que cette récolte amène pour le sériciculteur que nous avons prêché également la *restriction de la récolte*.

En conséquence de l'importance relative du but que va poursuivre l'éducateur, nous lui conseillerons, en outre, d'élever à part la partie de son contingent qu'il croira ou mieux qui s'annoncera supérieure ; pour elle, devront être réservés avec la nourriture la plus succulente (sauvageon et petite feuille de bon aspect) les soins les plus minutieux, les plus recherchés au détriment même de l'autre, s'il le faut, et si tous ne peuvent y prétendre. La maladie venant à la fois au ver et par la respiration et par l'alimentation, les travaux et les efforts de l'éducateur se diviseront pour agir sur ces deux points simultanément.

IV.

Précautions hygiéniques générales.

On ne sait pas encore d'une manière précise à quel état de l'atmosphère est due la naissance des ferments qui engendrent les épidémies du genre de la gattine; on ne peut, comme beaucoup ont cru, les attribuer exclusivement aux variations pures de la pesanteur de l'air, de la chaleur, de l'humidité, de l'état électrique, chimique, de l'atmosphère ; et les baromètres, thermomètres, hygromètres, électroscopes, etc., sont inhabiles à nous avertir du mal qui sévit. Toutefois, il n'est douteux pour personne que ce mal ne vienne de modifications simultanées survenues dans ces éléments et coïncidant presque toujours avec le froid ou le chaud humide.

En attendant donc que la science et l'observation éclairent cette question, il ne faut négliger l'application d'aucun des principes de l'hygiène pratique désormais acquis :

La bonne exposition de l'habitation ;

L'aération rationnelle et au besoin sa purification préconisée et couronnée de succès au moyen de fumigations sulfureuses ou chloriques convenablement pratiquées ;

Une opinion s'est élevée dans ces derniers temps en faveur de l'aération comme moyen de vaincre l'épidémie et a trouvé une grande faveur près des savants ;

Enfin le maintien du niveau régulier du thermomètre et de l'hygromètre en faisant attention que l'échelle de température et d'humidité moyenne admise par l'éducateur se rapproche le plus possible de la *moyenne du climat dans lequel on se trouve.* Avant tout, ce n'est pas le nombre des degrés qu'il faut considérer dans ces deux éléments importants, ce sont surtout leurs variations qu'il faut à tout prix écarter, et il est sensible que pour pouvoir lutter avec quelque succès contre les variations qui viennent du dehors il faut autant que possible se tenir sur la moyenne. Cette observation juge également la question de savoir si l'on doit hâter ou retarder l'éducation; l'idéal est qu'elle ait lieu dans le moment le moins variable et l'expérience prouve que pour cela elle doit être relativement précoce.

V.

Criblage incessant.

La gattine, maladie épidémique, n'est pas contagieuse ; mais en raison de la viciation de l'air que les individus condamnés à périr sans avoir fait leur cocon ne peuvent pas manquer d'amener, il est urgent de s'en débarrasser par des purgations fréquentes et résolues, et cela à tous les âges de la nourriture.

Ceci s'exécutera, comme on le fait déjà, bien que trop mollement et avec une trop grande indulgence, au moyen de filets ou papiers percés en prenant pour guide ce que nous avons dit plus haut sur les caractères de la maladie. Les personnes s'occupant de l'éducation ne négligeront pas de prendre et de rejeter un à un, sans pitié, les mauvais chaque fois que durant le cours de l'éducation il les rencontreront sur les tables.

La pratique de ce criblage perpétuel, successif, incessant, étendant le champ de son action de la graine au ver près de la montée, recommandée par nous, semblera peut-être, au premier abord, une inconséquence, une niaiserie même. Quel est le but de la méthode? Faire de la bonne graine. Par quel moyen? Par le choix des sujets purs d'atteinte. Or, à quoi bon choisir successivement ? Tout ce travail ne devient-il pas nul et sans utilité par le dernier choix ?

Cette objection n'est que spécieuse en fin de compte, et pour donner le conseil nous avons les raisons suivantes :

1° Le sacrifice des vers définitivement condamnés opéré sans retard, diminue les fatigues et les dépenses de l'éducateur.

2° L'élimination des sujets à jamais perdus, faite de bonne heure, soustrait presque complètement et aussitôt que possible à la malfaisance de leurs émanations ceux desquels il y a encore lieu d'espérer un cocon.

Elle permet de compter que cette influence délétère soustraite, les vers absolument sains seront plus nombreux quand il faudra s'occuper exclusivement de la question de la graine ; au cas où, par exception, quelques vers atteints par l'épidémie affaiblie dans son action, seraient en position de pouvoir guérir ; cette pratique supprime pour ces derniers un des principaux obstacles à ce phénomène si désirable et si heureux en l'état, supprime, disons-nous, une atmosphère empestée au milieu de laquelle il n'eût certainement pas pu se produire. M. Freyssinet comme avant lui du reste M. Loiseleur des Longchamps, comprenant toute l'importance pratique d'une graine en bon état de santé, et s'étant élevé à l'idée d'une élève à part des sujets destinés à la reproduction, avait entièrement basé son système sur cette double pensée, à savoir:

Que les meilleures graines viennent des sujets les plus vigoureux et que les premiers vers qui sortent d'une graine quelconque sont toujours les plus forts. Ce principe vrai d'une manière générale et en quelque sorte industrielle, ne l'est pas au point de vue absolu de la reproduction. L'éclosion, c'est chose démontrée, peut en quelque sorte être *hâtive* et constituer une sorte d'avortement qui est un aussi mauvais signe que l'éclosion retardée; le bien est entre les deux extrêmes et cette vérité est aussi expérimentale que théorique. C'est entre les premières et les dernières bouffées qu'éclot normalement le ver qui doit être normal.

Nous devons rendre, toutefois, cet hommage à la vérité pratique qu'a mise en évidence le système Freyssinet, à savoir que le moment normal d'éclosion est bien plus près des premiers que des derniers, et que les mauvais par éclosion hâtive sont infiniment moins nombreux et mieux portants que ceux par éclosion *tardive*, de sorte que pratiquement le système avait suffisamment raison.

VI.

Alimentation.

En ce qui concerne l'alimentation, l'on doit partir de ce principe, que l'influence qui rend nos fruits moins nourrissants, moins riches en matière alibile et sucrée, moins bons, et peut-être même réellement malfaisants d'une manière active, doit de toute nécessité agir dans le même sens sur la feuille du mûrier et la priver d'une certaine quantité de sucre qui est l'un des éléments importants de sa composition. (Matière fibreuse, colorante, sucrée, eau.)

Il conviendra donc que l'éducateur ne donne à ses vers que de la feuille absolument saine, non tachée, bien portante, de la plus belle apparence, et qu'il rejette absolument celle qui ne sera pas dans ces conditions. Il conviendra encore qu'il donne le moins possible de cette feuille drue, venue dans les bas-fonds, sur un sol ou dans des expositions où les fruits seraient aqueux.

Qu'il recherche cette petite feuille sèche, robuste, si je puis m'exprimer ainsi, qui se rapproche le plus possible de la feuille non greffée, et qui a poussé en des lieux où les fruits seraient savoureux. Plus on pourra donner de *sauvageons*, mieux cela vaudra; nous avons vu dans un pays infecté une petite nourriture maintenir ses succès au milieu du désastre uni versel, uniquement, croyons-nous, à cause de l'abondance de sauvageon donné.

Les Chinois, d'après des hommes dignes de foi, s'ingénient à créer des mûriers nains et à les tourmenter par la taille ; on ne fait pas autrement chez nous, quand on veut obtenir d'un arbre des fruits savoureux.

Nous pensons que la feuille cueillie par les procédés que nous suivons actuellement et d'une manière générale, subit un commencement d'altération dans le transport et dans la conservation, et nous croyons, en conséquence, qu'il serait peut-être convenable, pour l'éducation restreinte, d'adopter le système qui consiste à donner avec des rameaux que l'on coupe et lie en fagots et que de retour à la ferme l'on met tout de suite tremper dans l'eau par l'extrémité incisée. De la sorte, on peut donner aux vers la feuille *toute vivante* et dans les conditions où est pour nous un bon fruit que l'on vient de cueillir.

Cette méthode, qui vient de l'Orient et qui a été expérimentée chez nous avec un succès non démenti, est complétée par d'autres pratiques qui, toutes en faveur de l'hygiène et de la simplification du travail, en font désirer la franche introduction aux auteurs de la nôtre. Voici en quoi tout cela consiste :

Sur des tables séparées par une distance double de celle qui les sépare habituellement et qui, à partir de leur milieu penchent de chaque côté, d'une manière suffisante pour que le crotin puisse rouler sur les bords où il est retenu, si l'on veut, dans une gouttière, on donne aux vers les rameaux tout entiers en prenant la précaution à chaque fois de les croiser les uns sur les autres.

Par ce procédé simple et ingénieux :

1° L'on donne, comme nous l'avons dit, de la feuille vivante rapidement cueillie et qui n'a pas fermenté (Si de la sorte les mûriers en produisent moins chaque année, elle doit être nécessairement meilleure et plus alibile, ce qu'il faut rechercher à tout prix) ;

2° Les tables plus distancées permettent une circulation plus facile de l'air ;

3° La litière ne fermente plus, le crotin étant absent, et l'air qui passe à travers les rameaux dessèche les morts et la feuille non mangée ;

4° L'on est délivré du travail du délitage ;

5° Enfin l'on n'a plus le souci d'enchambrer, les vers coconnent dans les branches sèches qu'ils trouvent à portée. En effet, au moment où les vers sont mûrs, tout le travail de la mise en bruyère se résume à planter verticalement dans les branchages accumulés les petits rameaux chargés de feuilles qui constituent les dernières données. Les vers coconnent admirablement dans cette sorte de bruyère, surtout alors que, placés sous l'influence, ils n'ont plus la force de grimper des vers absolument sains.

Le seul inconvénient de cette méthode est de ne pas se prêter aux éducations trop fortement atteintes, les vers morts qui restent pendus dans ces branchages avant de se dessécher doivent créer une infection dangereuse qu'on ne peut guère éviter. Mais les principes de cette méthode sont bons dans tous les cas, et ceux qui sont disposés à travailler à l'œuvre que nous poursuivons peuvent retenir de donner en rameaux, quelle que soit leur conduite postérieurement à cette pratique.

Le sucre étant la nourriture animale des insectes, nous approuvons beaucoup les tentatives ayant pour fin de suppléer à la pauvreté de la nourriture en saupoudrant de sucre la feuille qu'on leur donne, quelle que soit du reste leur origine. Cette pratique est pleine de logique et de sens, et nous sommes portés à croire, malgré de récentes contradictions, qu'elle peut obtenir des succès (relatifs) d'une grande importance, soit en aidant la prolongation fructueuse de la vie des vers dont on peut encore attendre rationnellement un cocon, soit en fortifiant le contingent des reproducteurs. N'ayant pas jusqu'ici expérimenté nous-mêmes, nous engageons toutefois les éducateurs à tenir compte de ce qui s'est dit ou se dira sur ce point, et à en faire leur profit, autant dans l'intérêt de la meilleure récolte qui pourrait en résulter, que dans celui de la fabrication de leur propre graine.

La commission présidée par M. de Quatrefages n'aurait-elle abouti qu'à mettre cette pratique en évidence, qu'elle aurait encore fait quelque chose d'utile et dont on devrait lui savoir gré.

VII.

Mise en bruyère.

Encore un avis avant de terminer : Le ver à soie atteint, miné par la gattine, est indolent dans tous ses états, même alors qu'il fera son cocon : il est paresseux au manger, dans les mues, à la montée, dans le tissage de son cocon, lent à s'accoupler, à pondre ; l'on doit tenir compte de cela tout le temps de l'éducation et se conduire en conséquence. Ainsi, par exemple, il conviendra d'*enchambrer bas ou d'étouffer* ; il n'est pas sans exemple que des éducateurs aient perdu entièrement le fruit de leurs travaux pour n'avoir pas fait ainsi, et nous avons été souvent surpris en voyant en *quel état pitoyable* un ver à soie gattiné mûr, pouvait encore faire son cocon. Autant il convient d'être résolu dans l'exécution des trop malades durant les mues, autant il convient d'être conservateur prudent et plein de sollicitude et de soins minutieux pour les vers gattinés parvenus aux derniers degrés de la maturité.

CONCLUSION.

Pour tout homme qui a étudié à fond l'état actuel des choses en s'aidant à la fois de tous les faits établis par la science , par l'expérience des autres et par des observations et des études personnelles consciencieuses, la décadence actuelle , et même la chute de l'industrie séricicole est dix fois évidente ; la crise qui nous mine n'a qu'à gagner beaucoup à la comparaison qui pourrait en être faite avec celles qui déjà ont à plusieurs reprises affligé le pays et la civilisation (1).

Pour être tombée , elle ne sera pas perdue , dira-t-on, elle se relèvera avec la cessation des désordres climatériques ; bien loin d'arracher les mûriers , il faut en planter. L'industrie séricicole renaîtra sans doute , mais quand et dans combien de temps? voilà la question ; si vous la comparez à l'industrie vinicole, ne voyez-vous pas quelle différence importante les séparent : la vigne guérie, tout est rentré dans l'ordre ; le mûrier guéri, où trouver, avec une bonne graine, les premiers germes d'une régénération?

La vigne ou la pomme de terre malades , on perdrait sa récolte et des débours és restreints, avec la crise sétifère on perd la récolte et avec cela dans tous les cas des avances considérables ; le sériciculteur, ébranlé dans son bien-être par les mauvais temps qui ont successivement atteint la

---

(1) Tout est si bien perdu aux yeux de tout le monde et l'on compte si peu sur les provenances qui pourtant nous ont jadis sauvés et à plusieurs reprises, que M. le Ministre de l'agriculture et du commerce, sollicité sur ce point par l'archiduc gouverneur général du royaume Lombardo-Vénitien, vient, par une lettre spéciale, de recommander aux chambres de commerce l'entreprise des comtes Gérard Freschi et Castellani, qui consiste de leur part à aller chercher sur les bords de la mer Caspienne, et au besoin dans la Perse, l'Inde et la Chine, des graines pures de toute atteinte. Cette entreprise, qui n'est pas une spéculation et à la publicité de laquelle M. le Ministre s'intéresse vivement, offre des graines à 20 fr. les 30 gram. On paie 10 fr. d'avance et 10 fr. à la livraison. Une pareille entreprise dans de telles conditions est un mauvais signe et une bonne œuvre, il faut en tirer la leçon qu'elle contient et l'encourager chacun dans la mesure de ses forces.

pomme de terre et la vigne, grâce au ver à soie, voit actuellement et avec une rapidité qui effraie fondre comme on dit expressivement sa chandelle par les deux bouts. Sa position, l'on peut s'en assurer par les chiffres d'une statistique rigoureuse, n'est plus tenable pour longtemps, le pays séricicole est menacé d'une ruine générale s'il s'opiniâtre dans le statu-quo.

La décision doit être prompte, rigoureuse, immédiate : *ou réussir mieux ou abandonner* la récolte. C'est déjà quelque chose que d'éclairer une position bonne ou mauvaise et d'arriver par la connaissance approfondie du mal, à la notion claire de ce qui doit être redouté ou espéré, de disperser le mirage que nos populations s'énervent à suivre. Mais nous avons plus fait que tout cela, nous avons apporté une solution, nous voulons dire la *solution*. Car il n'en est pas d'autre, si ce n'est un perfectionnement d'elle-même.

Nous n'avons pas apporté quelque nouveau *remède infaillible*, quelque *médicament* héroïque pour guérir le ver malade, quelque *poudre ou mélange;* nous ne *saurons pas ce qui est perdu.*

Quelle différence y aurait-il alors entre l'homme qui étudie laborieusement les faits avec l'idée de sauver la récolte, et celui qui suit follement partout où elles le conduisent les ingénieuses chimères d'une imagination ayant pour but plus ou moins conscient d'arriver au bruit, aux honneurs et à tout ce qui peut en résulter.

Nous apportons une méthode dont la création a été un labeur, et dont l'application sera un labeur. La vérité vraie est qu'il n'y a rien pour rien dans ce monde, l'imposture et la superstition savent seules sauver d'un mot.

Cette méthode emboîte le pas avec la nature et suit ses leçons ; il n'y a rien de mystérieux, tout est clair et naturel, c'est un criblage perpétuel qui s'aide non pas d'un moyen, mais de tous ceux qu'elle peut avoir à sa disposition, sa loi fondamentale est de n'en négliger aucun. Quelques-uns ont trouvé ceci, d'autres cela ; tel a conseillé cette pratique, tel autre celle-là ; nous, nous avons vérifié, systématisé, complété, et par-dessus tout réuni en une méthode l'ensemble des vérités théoriques ou pratiques incontestables, trouvées par divers, retrouvées ou trouvées spécialement par nous dans le courant de nos travaux.

A la place d'un commerce d'essence et par excellence désastreux et mensonger, aux mains duquel la sériciculture s'était jetée pieds et mains liés, sans pouvoir et savoir faire autrement, nous, nous mettons le bon sens et la sécurité. La pyramide tombée, nous la rétablissons sur sa base. L'œuvre importante, capitale du grainage, rentre par nous aux mains du sériciculteur lui-même, d'où elle ne serait jamais sortie sans les malheurs du temps. Elle y rentre hérissée de plus de difficultés et d'exigences que par le passé, mais ces difficultés, ces soucis sont directement et largement payés et compensés par le bénéfice même d'une grenaison plus avantageuse, par la raison que chaque cultivateur fait son propre travail, sans intermédiaire, et que pour le même poids de cocons, une plus grande quantité de graine est obtenue en raison du choix plus sûr quant à la santé, quant au sexe et quant à l'égalité d'âge. Les nombreux millions que la France échange à l'Étranger contre de véritables ferments de ruine, nous les gardons (1).

Nous ne mettons plus à la terrible loterie une épargne qui depuis longtemps n'est plus un superflu mais un nécessaire. Notre enjeu, c'est le loisir de l'éducateur ou de la ménagère, augmenté du prix des cocons dont la valeur n'est pas plus grande qu'ils soient ou non produits par des vers atteints de la maladie.

En dehors de ce premier avantage, que les éducateurs ne manqueront pas d'apprécier à sa juste valeur, se joint le triple avantage final de la méthode.

Elle apprend, conseille, force à sacrifier de bonne heure ce qui ne peut aboutir, et découvre à temps, au malheureux agriculteur, tout au moins quand il est décidément inévitable, le gouffre dévorant des fatigues funestes et des dépenses ruineuses auquel il était naguère voué.

Elle tire en tout lieu tout le parti qu'on peut tirer des sujets atteints, mais dans la position de pouvoir encore donner un cocon avant leur mort; elle nous décide à leur donner les soins qui peuvent les conduire jusque-là, et trace la nature et l'opportunité de ces soins en faisant appel indistinctement à tout ce qui (bien différent en cela d'un si grand nombre de tentatives puériles ou absurdes si misérablement avortées) fut sanctionné par l'expérience et maintenu par l'usage public au milieu même d'événements faits, nous l'avouons, pour dérouter ou ébranler les esprits les plus justes et les plus fermement assis dans la vérité.

Enfin, et surtout nous prions le lecteur de se pénétrer de notre but, en attendant que les temps changent et que mieux appris nous sachions nous tenir en défense contre les fléaux qui dans l'avenir pourraient nous visiter encore, elle met à même chaque cultivateur de se *composer l'arche de Noé* de ses récoltes futures; elle suprime les nombreuses années pleines de ruine que durerait nécessairement la crise, soit pour descendre jusqu'à la dernière catastrophe, soit pour surgir de ce nouveau néant, si l'on commettait la faute impardonnable dans notre siècle d'abandonner les choses à l'inertie et aux caprices des événements. Et qu'on ne nous dise pas, en l'absence d'objections plus sérieuses, que les difficultés d'application de la méthode sont un argument vital contre elle.

Ces difficultés d'application, qui sont bien réelles (qu'on fasse attention

____

(1) En 1850, l'importation de la graine s'éleva à 4.000 kilog. environ. En 1854, la quantité s'éleva à 40,000 kilog. En 1856, la seule Lombardie nous en envoie 35,000 kilog. L'année dernière, nous n'avons pas dû donner à l'Étranger pour notre part moins de 25 millions de francs.

à la qualité ou à la quantité des soins demandés à tout éducateur et que nous ne cherchons pas à dissimuler bien au contraire¹, ces difficultés n'atteignent nullement une proportion inquiétante pour le système. Les petits éducateurs jugeront bien vite, à notre avantage, une question qui, quoiqu'on en dise, est une évidence à notre faveur, si l'on veut bien, sans prévention et d'une manière désintéressée, se mettre sérieusement en face des éléments nouveaux qui la composent.

Le public séricicole réel sait aussi bien que nous que rien ne se fait sans peine, ses yeux ne sont pas troublés ou pervertis par les aubaines de la spéculation. Depuis cinq ou six ans au moins, il perd en moyenne cent fr. par once de graine qu'il met éclore, et il ne nous cherchera pas querelle parce que nous ne lui enseignons pas le moyen d'avoir, à partir de l'année qui vient, un quintal par once de graine qu'il pourra mettre et au prix de trois cents fr. Il se contentera, en paiement de la fatigue à laquelle il peut suffire, si pour une quantité il est vrai restreinte on lui donne, avec le moyen de ne rien perdre de gagner même quelque chose, celui d'obtenir à prix extrêmement réduit une graine qui, dans un an, au plus dans deux, lui permettra de rentrer dans l'ancien régime, dans un régime autrement sûr et autrement moins agité, autrement lucratif. Et les fatigues spéciales d'un an ou deux d'épreuves pénibles seront mille fois payées par l'allégement formel des années qui suivront, car la méthode perpétuellement appliquée à l'avenir, en donnant la sécurité que comporte naturellement le commun des choses agricoles, simplifiera et allégera singulièrement les travaux du magnanier. Du reste, la *position* formule un argument sans réplique au mauvais vouloir ; pour en sortir, il faut passer par la porte de la méthode naturelle et de ses perfectionnements, ou renoncer à tout effort actif dans ce sens. Mais conservant une lueur d'espoir qui voudrait pour toujours se retirer de la lutte ?

Ainsi donc, du courage et à l'œuvre, vous qui serez entrés dans l'esprit de nos travaux et qui vous les serez assimilés après l'épreuve d'une critique sincère et sans faiblesse, critique seule digne d'un homme fort, pénétré de la position précaire dans laquelle il se trouve et résolu d'épuiser les moyens logiques d'en sortir.

Quant à vous, esprits vagues, irréfléchis, sans aptitude à peser et à apprécier nettement les choses nouvelles, pour qui écrit est inexorablement synonyme de théorie, théorie de fausseté et fausseté de duperie ; défiant, sans discernement, les plus grands ennemis de vous-mêmes ; par système et par tenue irrités, méchants même contre l'idée du jour qui sera la richesse du lendemain, et pour couronnement, singuliers indigents qui, mangeant du pain noir, faites mauvais accueil à qui ne vous apporte sur le champ quelques gâteaux somptueux ; souvenez-vous de vos propos de naguères contre le soufrage de la vigne, cette pratique à jamais condamnée par votre expérience à vous, vignerons sérieux, vignerons d'état, de *naissance*, elle était absurde, disiez-vous, imaginée par quelque amateur, au fond d'un cabinet; eût-elle réussi, d'ailleurs, le remède devait coûter plus que ne produirait jamais le malade. N'est-ce pas grâce aux efforts d'un homme, dont la science gardera pour longtemps le souvenir au cas où la reconnaissance publique viendrait à oublier ses devoirs envers lui, n'est-ce pas grâce à M. Henri Marès que le soufre guérit la vigne et que vous contribuez vous-même à l'élévation de son prix.

Bien différents d'hier, vous soufrez aujourd'hui vos vignes, vous soufrez vos treilles, vous soufrez vos arbres à fruits, vos mûriers, Dieu me pardonne! vous expliquant très-bien vos insuccès de la veille, éternellement pleins de bon vouloir et d'un courageux enthousiasme pour ce qui a réussi et fait triomphalement le tour du monde! Que Dieu vous corrige et vous pardonne!

Dr J. JUGE.

Crest, novembre 1858.

·POST-SCRIPTUM.

Du jour où, par nos observations et expériences, nous en fûmes arrivés à la notion claire de l'ensemble des vérités que nous présentons aujourd'hui au public séricicole, nous nous empressâmes de prendre date en inscrivant les idées qui en constituent le fond sur les registres ouverts à cet effet dans chaque préfecture. Nous espérions par là fixer nos droits aux faveurs que, très-certainement, le gouvernement réserve aux hommes qui auront délivré les populations séricicoles du terrible fléau qui les oppresse, et nous voyions dans cette démarche un moyen de nous armer efficacement contre toute contestation de priorité, alors que nos idées, mises au jour, auraient conquis la notoriété et la considération qu'elles nous semblent mériter.

La date prise, nous nous occupâmes personnellement, et sans délai, de l'ouvrage dans lequel nous devions lier, coordonner et résumer les travaux en question. Il lui fut donné pour titre : *Restauration de l'industrie séricicole* par le *choix méthodique perpétuel et un à un* des sujets destinés à la *reproduction*; et il se trouva naturellement divisé en deux parties bien distinctes : l'une théorique et l'autre pratique.

Dans la première, nous avions à montrer la maladie en elle-même et dans ses éléments, à marquer sa place dans la pathologie universelle, à déterminer dans les limites actuelles de la science, son origine, sa nature, son histoire, le mécanisme de ses actions ; à présenter un tableau rapide de l'état dans lequel elle nous a précipités, et à esquisser à grands traits l'issue naturelle que, d'après tout cela, l'avenir nous réserve.

Dans la seconde, nous avions à déduire de l'ensemble des connaissances qui précèdent les moyens rationnels et pratiques propres, soit à combattre directement la maladie, soit à pallier, autant que possible, à ceux de ses effets qu'il ne serait plus en notre pouvoir d'écarter.

« Nul 'e nous, a dit Buchez (Introduction à la *Science de l'Histoire*), nul » de nous ne sait quand son heure arrivera, nul ne sait si l'idée qu'il

» porte ne périra pas avec lui. Dans cette incertitude il n'est qu'un parti à
» choisir : c'est de nous hâter afin que, lorsque le soir viendra , il trouve
» notre ouvrage terminé. C'est cette réflexion qui m'a toujours guidé moi-
» même ; c'est elle qui m'a toujours fait préférer le travail rapidement
» productif au travail qui arrive par de longs efforts à un mérite de forme
» qui ajoute peu à l'utilité de l'œuvre , mais tourne souvent au profit de
» la vanité de l'écrivain. »

En vertu de cette manière de voir qui nous semble juste en tout point,
le premier jet de ce travail touchait à peine à sa fin que nous entreprîmes,
avec le concours actif d'un ami, d'ouvrir une souscription pour la publica-
tion de l'ouvrage.

En cas de succès, le travail devait être publié intégralement ; en cas de
demi succès, la deuxième partie seule eût vu le jour, après avoir toutefois reçu une appropriation convenable.

Les encouragements individuels ne nous manquèrent pas ; un rapport
fut adressé au ministre par M. le préfet de la Drôme, et nous eûmes pour
premiers souscripteurs les personnages les plus marquants de la contrée :

MM. FERLAY, préfet de la Drôme. — Mgr LYONNET, évêque de Valence.
— DE COURCELLES, sous-préfet à Die. — BEGOUEN, sous-préfet à Montélimar. — VACHER, maire de Valence. — MEYNADIER, président du consistoire
de Valence. — DE LACHEISSERIE, membre du conseil général. — Em.
LAURENS, membre du conseil général, maire de Die. — PLAN, membre du
conseil général. — LABRETONNIÈRE, maire de Crest. — THOMÉ, directeur
de la ferme-école. — PAVIN DE LAFARGE, propriétaire à Viviers. — Le marquis DE LATOUR-DU-PIN-MONTAUBAN. — BLANC-MONTBRUN, membre du conseil général de l'Isère. — MORIN-LATOUR , filateur-moulinier à Livron. —
LALLIER aîné, adjoint à Valence. — MIRABEL-CHAMBAUD , négociant, adjoint
à Valence. — Le vicomte LE REBOURS, propriétaire à Montélimar. — COM-
BIER, frères, filateurs-mouliniers à Livron. — OLLIVIER, juge à Valence. —
Le vicomte DE SIEYES, propriétaire à Valence. — DENIS, moulinier en soie,
maire de Livron. — DUVERNET, chef de division à la préfecture. — GRESSE,
notaire, maire d'Aouste. — Le marquis DE SAINT-VALLIER , propriétaire à
Nice. — JOUANYS, bibliothécaire à Valence, etc., etc.

Mais pour dire les choses par leur nom, malgré nos efforts les plus sérieux, nous pourrions presque dire les plus acharnés, notre souscription
échoua d'une manière si complète, qu'il serait impossible de ne pas voir là
dedans la preuve énergique du découragement profond dans lequel sont
tombées les populations séricicoles. Le signe est bien triste quand le malade ne va plus que par un reste d'habitude, et qu'il passe avec une in-
différence aussi complète devant les travaux qui ont pour but manifeste
son salut....

L'échec portait sur le moyen de propagation et non sur la méthode elle-même, car nous avions dû nous borner à donner dans notre prospectus le titre du travail. Cet échec et notre isolement ne purent rien contre nos convictions : nous tournâmes nos batteries d'un autre côté : nous nous adressâmes à la chambre de commerce de Lyon par l'intermédiaire de son président M. Brosset aîné. Après de longs mois perdus dans l'attente, cette honorable compagnie dut se déclarer incompétente et nous fûmes renvoyés à M. le président de la commission des soies (société Impériale d'agriculture, sciences et arts utiles de Lyon).

C'était par là que nous eussions dû commencer ; il nous serait impossible d'exprimer ici toute la bienveillance avec laquelle nous fûmes accueillis, écoutés, suivis, nous qui venions absolument inconnus et sans recommandations d'aucune espèce. Ah ! si tous les corps constitués étaient dirigés par des hommes aussi dévoués à leur mission, que de retards préjudiciables seraient supprimés, que de chercheurs utiles seraient à temps retenus sur la triste et funeste pente du découragement !

Dans la prévision du cas où le succès manquerait à notre souscription, nous avions mis d'abord la dernière main à la seconde partie. Elle fut terminée en novembre 1858, tandis que la première ne le fut qu'en janvier 1859.

Nous dûmes les envoyer successivement à M. Mathevon, mais la première, n'ayant pas été trouvée pratique et suffisamment dans le sens des travaux de la société, nous fut renvoyée.

C'est alors que nous conçumes et exécutâmes la pensée de soumettre cette dernière à l'examen de la société impériale d'acclimatation.

Mais la seconde partie, celle justement qui constitue ce traité, avait été retenue et examinée avec soin.

Un rapport qui l'avait pour objet, accompagné d'un résumé de nos expériences, avait été adressé à Son Excellence M. le ministre de l'agriculture et du commerce ; et madame Bournay, l'habile et excellente directrice de la magnanerie de la commission, put encore, jusqu'à un certain point, expérimenter notre système.

Par suite de circonstances majeures tout-à-fait indépendantes de sa volonté et coïncidant avec le moment favorable à l'opération, madame Bournay n'avait pu se livrer à un triage suffisamment sévère de ses sujets reproducteurs.

Ce fut, néanmoins, à la suite de ces mêmes expériences que fut inséré, dans le rapport de la commission des soies (1859), un article des plus favorables à nos travaux, et que cette même commission, par l'intermédiaire de M. Mathevon, nous accorda des encouragements de toute nature.

A peu près à la même époque nous recevions de Paris la nouvelle que la société Impériale d'acclimatation s'était occupée de la première partie de notre travail, et que les conclusions d'un rapport également des plus favo rables, lu au nom de la 4e section, par **M.** le président, **M. Guérin-Menneville,** avaient été adoptées dans la séance du 4 mai (1).

Depuis qu'elle a été écrite cette *méthode-instruction* a dû subir à peine quelques modifications portant exclusivement sur la forme, et consistant surtout en notes ou allusions à des travaux postérieurs aux nôtres ; **et les** observations et expériences que nous ne cessons de varier à l'infini, ne cessent non plus de nous donner raison sur tous les points en confirmant nos prévisions et en asseyant nos idées sur la nature de la maladie et sur les moyens d'y remédier.

Nous suivons également avec soin et autant que le comportent nos occupations et notre isolement et les travaux des savants bacologues nos prédécesseurs, sur lesquels le nôtre se greffe naturellement, et ceux postérieurs qui viennent le corroborer.

Il est facile de voir aujourd'hui que les bons esprits partis des points les plus divers tendent et convergent tous vers le centre de gravité de notre système, si bien que si nous tardions davantage à faire entendre notre voix, nos travaux n'auraient déjà même plus la physionomie d'un plagiat transcendant : ils auraient la chance d'être considérés comme un travail historique et de synthèse, comme un véritable manuel composé de vérités déjà et dûment assises.

Bien qu'en définitive nous n'ayons à redouter aucun procès dirigé contre nous dans ce sens, nous ne nous sentons pas moins pleins d'une sincère reconnaissance pour la Commission des soies, pour son président M. Mathevon et aussi pour madame Bournay, par qui tous nous avons pu mettre nos travaux en évidence. Qu'ils reçoivent donc ici nos plus vifs remerciements.

Dr J. J.

Crest, le 20 mai 1860.

---

(1) Pour nous rendre aux vœux formulés dans ce rapport et si nous y sommes encouragés par l'accueil fait à cette publication-ci, nous nous empresserons de livrer à l'impression la portion de notre travail qui nous a valu le suffrage de l'éminente compagnie.

TABLE ANALYTIQUE DU TRAITÉ

Valence, imprimerie MARC AUREL, rue de l'Université, 9.

RESTAURATION

DE

L'INDUSTRIE SÉRICICOLE

PAR LE

CHOIX MÉTHODIQUE, PERPÉTUEL ET UN A UN

DES

SUJETS DESTINÉS A LA REPRODUCTION

MÉMOIRE

BASÉ SUR LES

OBSERVATIONS ET EXPÉRIENCES

DE Mᵐᵉ ET M. BERNARD-DURAND

Educateur, Filateur, Moulinier, à Aouste par Crest (Drôme)

ET

AYANT OBTENU UN RAPPORT FAVORABLE DE LA PART DE LA SOCIÉTÉ IMPÉRIALE

D'ACCLIMATATION

PAR LE Dʳ J. JUGE

9 782329 447766